Sommaire

Identification de la chaufferie

Adresse de la chaufferie : ....

Désignation de la chaufferie : ....
....

Propriétaiure de la chaufferie : ....
....
....

Exploitation de la chaufferie : ....
....
....

Entreprise chargée de l'entretien ....
....
....

Organisme chargée du controle : ....
....
....

Présentation de la chaufferie

Données globale sur la chaufferie
Energie consommées - nombre de générateurs - puissance installée - nature et usage - du fluide caloporteur .

Description de la chaufferie

Déscription de la chaufferie

1 - Implantation de a chaufferie et du poste de surveillance dans l'étabissement

2 - Réseau d'alimentation en combustible

3- Réseau d'alimentation en EAU

4 - Générateur

5 - Equipements de chauffe

6 - Traitement t évacuation des gaz de combustion

7 - Appareil de réglage des feux et de controle de la combustion

8 - Réseaux de fluide caloporteur

9 - Batiments de la chaufferie

Déscription de la chaufferie

1 - Implantation de a chaufferie et du poste de surveillance dans l'étabissement

Déscription de la chaufferie

2 - Réseau d'alimentation en combustible

Nature du combustible - Teneur en souffre - Mode de capacité de stockage - Température de stockage - Mode de chauffage .

Déscription de la chaufferie

3- Réseau d'alimentation en EAU

Déscription de la chaufferie

4 - Générateur

Déscription de la chaufferie

5 - Equipements de chauffe

Déscription de la chaufferie

6 - Traitement t évacuation des gaz de combustion

Déscription de la chaufferie

7 - Appareil de réglage des feux et de controle de la combustion

8 - Réseaux de fluide caloporteur

Déscription de la chaufferie

9 - Batiments de la chaufferie

Maintenance

DATE : ____________________

MAINTENANCE : ____________________

PROBLÉME CONSTATÉS :

OBSERVATIONS :

NOTE :

Maintenance

DATE : ______________________________

MAINTENANCE : ______________________________

PROBLÉME CONSTATÉS :

OBSERVATIONS :

NOTE :

Maintenance

DATE : ____________________

MAINTENANCE : ____________________

PROBLÉME CONSTATÉS :

OBSERVATIONS :

NOTE :

Maintenance

DATE : ______________________________

MAINTENANCE : ______________________________

PROBLÉME CONSTATÉS :

OBSERVATIONS :

NOTE :

Maintenance

DATE : ______________________________

MAINTENANCE : ______________________________

PROBLÉME CONSTATÉS :

OBSERVATIONS :

NOTE :

Maintenance

DATE : ______________________________

MAINTENANCE : ______________________________

PROBLÉME CONSTATÉS :

OBSERVATIONS :

NOTE :

Maintenance

DATE : ______________________

MAINTENANCE : ______________________

PROBLÉME CONSTATÉS :

OBSERVATIONS :

NOTE :

Maintenance

DATE : ______________________________

MAINTENANCE : ______________________________

PROBLÉME CONSTATÉS :

____
____
____
____
____
____
____

OBSERVATIONS :

____
____
____
____
____
____
____

NOTE :

____
____
____
____
____

Maintenance

DATE : ____________________

MAINTENANCE : ____________________

PROBLÉME CONSTATÉS :

OBSERVATIONS :

NOTE :

Maintenance

DATE : ______________________________

MAINTENANCE : ______________________________

PROBLÉME CONSTATÉS :

OBSERVATIONS :

NOTE :

Sommaire

Identification de la chaufferie

Adresse de la chaufferie : ....

Désignation de la chaufferie : ....
....

Propriétaiure de la chaufferie : ....
....
....

Exploitation de la chaufferie : ....
....
....

Entreprise chargée de l'entretien ....
....
....

Organisme chargée du controle : ....
....
....

Présentation de la chaufferie

Données globale sur la chaufferie
Energie consommées - nombre de générateurs - puissance installée - nature et usage - du fluide caloporteur .

Description de la chaufferie

Déscription de la chaufferie

1 - Implantation de a chaufferie et du poste de surveillance dans l'étabissement

2 - Réseau d'alimentation en combustible

3- Réseau d'alimentation en EAU

4 - Générateur

5 - Equipements de chauffe

6 - Traitement t évacuation des gaz de combustion

7 - Appareil de réglage des feux et de controle de la combustion

8 - Réseaux de fluide caloporteur

9 - Batiments de la chaufferie

Déscription de la chaufferie

1 - Implantation de a chaufferie et du poste de surveillance dans l'étabissement

Déscription de la chaufferie

2 - Réseau d'alimentation en combustible

Nature du combustible - Teneur en souffre - Mode de capacité de stockage - Température de stockage - Mode de chauffage .

Déscription de la chaufferie

3- Réseau d'alimentation en EAU

Déscription de la chaufferie

4 - Générateur

Déscription de la chaufferie

5 - Equipements de chauffe

Déscription de la chaufferie

6 - Traitement t évacuation des gaz de combustion

Déscription de la chaufferie

7 - Appareil de réglage des feux et de controle de la combustion

Déscription de la chaufferie

8 - Réseaux de fluide caloporteur

Déscription de la chaufferie

9 - Batiments de la chaufferie

Maintenance

DATE : ____

MAINTENANCE : ____

PROBLÉME CONSTATÉS :

OBSERVATIONS :

NOTE :

Maintenance

DATE : ______________________________

MAINTENANCE : ______________________________

PROBLÉME CONSTATÉS :

OBSERVATIONS :

NOTE :

Maintenance

DATE : ______________________________

MAINTENANCE : ______________________________

PROBLÉME CONSTATÉS :

OBSERVATIONS :

NOTE :

Maintenance

DATE : ____________________

MAINTENANCE : ____________________

PROBLÉME CONSTATÉS :

OBSERVATIONS :

NOTE :

Maintenance

DATE : ______________________________

MAINTENANCE : ______________________________

PROBLÉME CONSTATÉS :

OBSERVATIONS :

NOTE :

Maintenance

DATE : ______________________________

MAINTENANCE : ______________________________

PROBLÉME CONSTATÉS :

OBSERVATIONS :

NOTE :

Maintenance

DATE : ______________________________

MAINTENANCE : ______________________________

PROBLÉME CONSTATÉS :

OBSERVATIONS :

NOTE :

Maintenance

DATE : ____________________

MAINTENANCE : ____________________

PROBLÉME CONSTATÉS :

OBSERVATIONS :

NOTE :

Maintenance

DATE : ____________________

MAINTENANCE : ____________________

PROBLÉME CONSTATÉS :

OBSERVATIONS :

NOTE :

Maintenance

DATE : ____________________

MAINTENANCE : ____________________

PROBLÉME CONSTATÉS :

OBSERVATIONS :

NOTE :

Sommaire

Identification de la chaufferie

Adresse de la chaufferie : ....

Désignation de la chaufferie : ....
....

Propriétaiure de la chaufferie : ....
....
....

Exploitation de la chaufferie : ....
....
....

Entreprise chargée de l'entretien ....
....
....

Organisme chargée du controle : ....
....
....

Présentation de la chaufferie

Données globale sur la chaufferie
Energie consommées - nombre de générateurs - puissance installée - nature et usage - du fluide caloporteur .

Description de la chaufferie

Déscription de la chaufferie

1 - Implantation de a chaufferie et du poste de surveillance dans l'étabissement

2 - Réseau d'alimentation en combustible

3- Réseau d'alimentation en EAU

4 - Générateur

5 - Equipements de chauffe

6 - Traitement t évacuation des gaz de combustion

7 - Appareil de réglage des feux et de controle de la combustion

8 - Réseaux de fluide caloporteur

9 - Batiments de la chaufferie

Déscription de la chaufferie

1 - Implantation de a chaufferie et du poste de surveillance dans l'étabissement

Déscription de la chaufferie

2 - Réseau d'alimentation en combustible

Nature du combustible - Teneur en souffre - Mode de capacité de stockage - Température de stockage - Mode de chauffage .

Déscription de la chaufferie

3- Réseau d'alimentation en EAU

Déscription de la chaufferie

4 - Générateur

Déscription de la chaufferie

5 - Equipements de chauffe

Déscription de la chaufferie

6 - Traitement t évacuation des gaz de combustion

Déscription de la chaufferie

7 - Appareil de réglage des feux et de controle de la combustion

Déscription de la chaufferie

8 - Réseaux de fluide caloporteur

Déscription de la chaufferie

9 - Batiments de la chaufferie

Maintenance

DATE : ____________________

MAINTENANCE : ____________________

PROBLÉME CONSTATÉS :

OBSERVATIONS :

NOTE :

Maintenance

DATE : ____________________

MAINTENANCE : ____________________

PROBLÉME CONSTATÉS :

OBSERVATIONS :

NOTE :

Maintenance

DATE : ______________________________

MAINTENANCE : ______________________________

PROBLÉME CONSTATÉS :

OBSERVATIONS :

NOTE :

Maintenance

DATE : ______________________________

MAINTENANCE : ______________________________

PROBLÉME CONSTATÉS :

OBSERVATIONS :

NOTE :

Maintenance

DATE : ______________________________

MAINTENANCE : ______________________________

PROBLÉME CONSTATÉS :

OBSERVATIONS :

NOTE :

Maintenance

DATE : ________________________________

MAINTENANCE : ________________________________

PROBLÉME CONSTATÉS :

OBSERVATIONS :

NOTE :

Maintenance

DATE : ____________________

MAINTENANCE : ____________________

PROBLÉME CONSTATÉS :

OBSERVATIONS :

NOTE :

Maintenance

DATE : ____________________

MAINTENANCE : ____________________

PROBLÉME CONSTATÉS :

OBSERVATIONS :

NOTE :

Maintenance

DATE : ______________________________

MAINTENANCE : ______________________________

PROBLÉME CONSTATÉS :

OBSERVATIONS :

NOTE :

Maintenance

DATE : ______________________________

MAINTENANCE : ______________________________

PROBLÉME CONSTATÉS :

OBSERVATIONS :

NOTE :

Sommaire

Identification de la chaufferie

Adresse de la chaufferie : ....

Désignation de la chaufferie : ....
....

Propriétaiure de la chaufferie : ....
....
....

Exploitation de la chaufferie : ....
....
....

Entreprise chargée de l'entretien ....
....
....

Organisme chargée du controle : ....
....
....

Présentation de la chaufferie

Données globale sur la chaufferie
Energie consommées - nombre de générateurs - puissance installée - nature et usage - du fluide caloporteur .

Description de la chaufferie

Déscription de la chaufferie

1 - Implantation de a chaufferie et du poste de surveillance dans l'étabissement

2 - Réseau d'alimentation en combustible

3- Réseau d'alimentation en EAU

4 - Générateur

5 - Equipements de chauffe

6 - Traitement t évacuation des gaz de combustion

7 - Appareil de réglage des feux et de controle de la combustion

8 - Réseaux de fluide caloporteur

9 - Batiments de la chaufferie

Déscription de la chaufferie

1 - Implantation de a chaufferie et du poste de surveillance dans l'étabissement

Déscription de la chaufferie

2 - Réseau d'alimentation en combustible

Nature du combustible - Teneur en souffre - Mode de capacité de stockage - Température de stockage - Mode de chauffage .

Déscription de la chaufferie

3- Réseau d'alimentation en EAU

Déscription de la chaufferie

4 - Générateur

Déscription de la chaufferie

5 - Equipements de chauffe

6 - Traitement t évacuation des gaz de combustion

Déscription de la chaufferie

7 - Appareil de réglage des feux et de controle de la combustion

Déscription de la chaufferie

8 - Réseaux de fluide caloporteur

Déscription de la chaufferie

9 - Batiments de la chaufferie

Maintenance

DATE : ____________________

MAINTENANCE : ____________________

PROBLÉME CONSTATÉS :

OBSERVATIONS :

NOTE :

Maintenance

DATE : ____________________

MAINTENANCE : ____________________

PROBLÉME CONSTATÉS :

OBSERVATIONS :

NOTE :

Maintenance

DATE : ______________________________

MAINTENANCE : ______________________________

PROBLÉME CONSTATÉS :

OBSERVATIONS :

NOTE :

Maintenance

DATE : ____________________

MAINTENANCE : ____________________

PROBLÉME CONSTATÉS :

OBSERVATIONS :

NOTE :

Maintenance

DATE : ______________________________

MAINTENANCE : ______________________________

PROBLÉME CONSTATÉS :

OBSERVATIONS :

NOTE :

Maintenance

DATE : ______________________________

MAINTENANCE : ______________________________

PROBLÉME CONSTATÉS :

OBSERVATIONS :

NOTE :

Maintenance

DATE : ____________________

MAINTENANCE : ____________________

PROBLÉME CONSTATÉS :

OBSERVATIONS :

NOTE :

Maintenance

DATE : ______________________________

MAINTENANCE : ______________________________

PROBLÉME CONSTATÉS :

OBSERVATIONS :

NOTE :

Maintenance

DATE : ______________________________

MAINTENANCE : ______________________________

PROBLÉME CONSTATÉS :

OBSERVATIONS :

NOTE :

Maintenance

DATE : ____________________

MAINTENANCE : ____________________

PROBLÉME CONSTATÉS :

OBSERVATIONS :

NOTE :

Sommaire

Identification de la chaufferie

Adresse de la chaufferie : ....

Désignation de la chaufferie : ....
....

Propriétaiure de la chaufferie : ....
....
....

Exploitation de la chaufferie : ....
....
....

Entreprise chargée de l'entretien ....
....
....

Organisme chargée du controle : ....
....
....

Présentation de la chaufferie

Données globale sur la chaufferie
Energie consommées - nombre de générateurs - puissance installée - nature et usage - du fluide caloporteur .

Description de la chaufferie

Déscription de la chaufferie

1 - Implantation de a chaufferie et du poste de surveillance dans l'étabissement

2 - Réseau d'alimentation en combustible

3- Réseau d'alimentation en EAU

4 - Générateur

5 - Equipements de chauffe

6 - Traitement t évacuation des gaz de combustion

7 - Appareil de réglage des feux et de controle de la combustion

8 - Réseaux de fluide caloporteur

9 - Batiments de la chaufferie

Déscription de la chaufferie

1 - Implantation de a chaufferie et du poste de surveillance dans l'étabissement

Déscription de la chaufferie

2 - Réseau d'alimentation en combustible

Nature du combustible - Teneur en souffre - Mode de capacité de stockage - Température de stockage - Mode de chauffage .

Déscription de la chaufferie

3- Réseau d'alimentation en EAU

Déscription de la chaufferie

4 - Générateur

Déscription de la chaufferie

5 - Equipements de chauffe

Déscription de la chaufferie

6 - Traitement t évacuation des gaz de combustion

7 - Appareil de réglage des feux et de controle de la combustion

Déscription de la chaufferie

8 - Réseaux de fluide caloporteur

Déscription de la chaufferie

9 - Batiments de la chaufferie

Maintenance

DATE : ______________________________

MAINTENANCE : ______________________________

PROBLÉME CONSTATÉS :

OBSERVATIONS :

NOTE :

Maintenance

DATE : ____________________

MAINTENANCE : ____________________

PROBLÉME CONSTATÉS :

OBSERVATIONS :

NOTE :

Maintenance

DATE : ______________________________

MAINTENANCE : ______________________________

PROBLÉME CONSTATÉS :

OBSERVATIONS :

NOTE :

Maintenance

DATE : ____________________

MAINTENANCE : ____________________

PROBLÉME CONSTATÉS :

OBSERVATIONS :

NOTE :

Maintenance

DATE : ______________________________

MAINTENANCE : ______________________________

PROBLÉME CONSTATÉS :

OBSERVATIONS :

NOTE :

Maintenance

DATE : ____________________

MAINTENANCE : ____________________

PROBLÉME CONSTATÉS :

OBSERVATIONS :

NOTE :

Maintenance

DATE : ____________________

MAINTENANCE : ____________________

PROBLÉME CONSTATÉS :

OBSERVATIONS :

NOTE :

Maintenance

DATE : ____________________

MAINTENANCE : ____________________

PROBLÉME CONSTATÉS :

OBSERVATIONS :

NOTE :

Maintenance

DATE : ______________________________

MAINTENANCE : ______________________________

PROBLÉME CONSTATÉS :

OBSERVATIONS :

NOTE :

Maintenance

DATE : ______________________________

MAINTENANCE : ______________________________

PROBLÉME CONSTATÉS :

OBSERVATIONS :

NOTE :

Sommaire

Identification de la chaufferie

Adresse de la chaufferie : ....

Désignation de la chaufferie : ....
....

Propriétaiure de la chaufferie : ....
....
....

Exploitation de la chaufferie : ....
....
....

Entreprise chargée de l'entretien ....
....
....

Organisme chargée du controle : ....
....
....

Présentation de la chaufferie

Données globale sur la chaufferie
Energie consommées - nombre de générateurs - puissance installée - nature et usage - du fluide caloporteur .

Description de la chaufferie

Déscription de la chaufferie

1 - Implantation de a chaufferie et du poste de surveillance dans l'étabissement

2 - Réseau d'alimentation en combustible

3- Réseau d'alimentation en EAU

4 - Générateur

5 - Equipements de chauffe

6 - Traitement t évacuation des gaz de combustion

7 - Appareil de réglage des feux et de controle de la combustion

8 - Réseaux de fluide caloporteur

9 - Batiments de la chaufferie

Déscription de la chaufferie

1 - Implantation de a chaufferie et du poste de surveillance dans l'étabissement

Déscription de la chaufferie

2 - Réseau d'alimentation en combustible

Nature du combustible - Teneur en souffre - Mode de capacité de stockage - Température de stockage - Mode de chauffage .

Déscription de la chaufferie

3- Réseau d'alimentation en EAU

Déscription de la chaufferie

4 - Générateur

Déscription de la chaufferie

5 - Equipements de chauffe

Déscription de la chaufferie

6 - Traitement t évacuation des gaz de combustion

Déscription de la chaufferie

7 - Appareil de réglage des feux et de controle de la combustion

Déscription de la chaufferie

8 - Réseaux de fluide caloporteur

Déscription de la chaufferie

9 - Batiments de la chaufferie

Maintenance

DATE : ______________________________

MAINTENANCE : ______________________________

PROBLÉME CONSTATÉS :

OBSERVATIONS :

NOTE :

Maintenance

DATE : ____________________

MAINTENANCE : ____________________

PROBLÉME CONSTATÉS :

OBSERVATIONS :

NOTE :

Maintenance

DATE : ______________________________

MAINTENANCE : ______________________________

PROBLÉME CONSTATÉS :

____

____

____

____

____

____

____

OBSERVATIONS :

____

____

____

____

____

____

____

NOTE :

____

____

____

____

____

Maintenance

DATE : ______________________________

MAINTENANCE : ______________________________

PROBLÉME CONSTATÉS :

OBSERVATIONS :

NOTE :

Maintenance

DATE : ______________________________

MAINTENANCE : ______________________________

PROBLÉME CONSTATÉS :

OBSERVATIONS :

NOTE :

Maintenance

DATE : ______________________________

MAINTENANCE : ______________________________

PROBLÉME CONSTATÉS :

OBSERVATIONS :

NOTE :

Maintenance

DATE : ______________________________

MAINTENANCE : ______________________________

PROBLÉME CONSTATÉS :

OBSERVATIONS :

NOTE :

Maintenance

DATE : ____________________

MAINTENANCE : ____________________

PROBLÉME CONSTATÉS :

OBSERVATIONS :

NOTE :

Maintenance

DATE : ______________________________

MAINTENANCE : ______________________________

PROBLÉME CONSTATÉS :

OBSERVATIONS :

NOTE :

Maintenance

DATE : ______________________________

MAINTENANCE : ______________________________

PROBLÉME CONSTATÉS :

OBSERVATIONS :

NOTE :